画给孩子的自然通识课

海洋，碧波荡漾哟

U0221081

童心　编绘

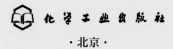

化学工业出版社

·北京·

图书在版编目（CIP）数据

海洋，碧波荡漾哟 / 童心编绘 . —北京：化学工业出
版社，2024.7
（画给孩子的自然通识课）
ISBN 978-7-122-45453-9

Ⅰ . ①海 … Ⅱ . ①童 … Ⅲ . ①海洋 - 儿童读物 Ⅳ .
① P7-49

中国国家版本馆 CIP 数据核字（2024）第 078239 号

HAIYANG，BIBO DANGYANG YO

海洋，碧波荡漾哟

责任编辑：隋权玲　　　　　　　　　　　装帧设计：宁静静
责任校对：王鹏飞

出版发行：化学工业出版社（北京市东城区青年湖南街 13 号　邮政编码 100011）
印　　装：北京宝隆世纪印刷有限公司
880mm×1230mm　1/24　印张 1½　字数 15 千字　2024 年 7 月北京第 1 版第 1 次印刷

购书咨询：010-64518888　　　　　　　售后服务：010-64518899
网　　址：http://www.cip.com.cn
凡购买本书，如有缺损质量问题，本社销售中心负责调换。

定　　价：16.80 元　　　　　　　　　　版权所有　违者必究

目 录

海洋从哪里来

海洋是海和洋的总称，一般人们将占地球很大面积的咸水水域称为"洋"，而大陆边缘的水域则被称为"海"。

四大洋为太平洋、大西洋、印度洋和北冰洋

① 太平洋是世界上面积最大、最深的海洋。

② 大西洋是世界第二大洋。

③ 印度洋是世界第三大洋。

④ 北冰洋是四大洋中面积最小的一个。因为它处于以北极为中心的地区，气候严寒，洋面上常年覆有冰层。所以，人们称之为"北冰洋"。

海洋是怎么形成的呢？

>>> 火山喷发出灼热的气体和水蒸气，蒸汽是地球上水的重要存在形式。

>>> 水蒸气凝结成雨水降落到地面，大雨灌满了那些广阔的凹地。

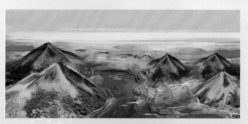

>>> 慢慢地，巨大的凹地被雨水淹没，逐渐形成了今天的海洋。

④ 海洋形成示意图

美丽的蓝色星球

海洋总面积约为3.6亿平方千米，地球表面约71%都被蓝色的海水覆盖，所以人们又叫地球"大水球""蓝色星球"。

大海是什么颜色的？

大海是蓝色的，可有时它也会呈现绿色、褐色，而靠近海岸的水常常是清澈没有颜色的，这是为什么呢？其实，大海的颜色与太阳光、海藻等有关系。

太阳光由多种颜色组成，这一点从彩虹里就能看出来。

海洋像一面巨大无比的镜子，它把一小部分太阳光反射回天空，大部分太阳光射入海中。

随着水深的增加，阳光里的颜色会一种一种地逐渐消失。

除此之外，当海中有许多藻类植物时，海水可能就会呈现出绿色。

河流入海口处的海水中悬浮着大量泥沙，使海水变黄。

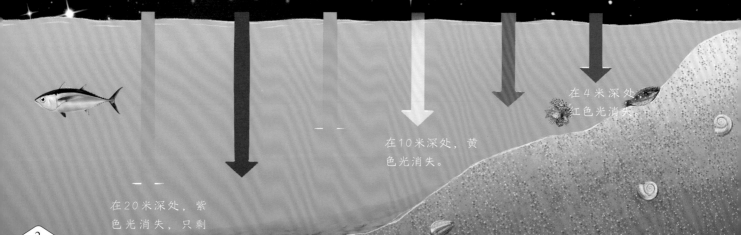

在4米深处，红色光消失。

在10米深处，黄色光消失。

在20米深处，紫色光消失，只剩下蓝色光。

大海的味道

海水是盐的"故乡",自然带有咸味。

如果把海水中的盐全部提取出来平铺在陆地上,陆地的高度可以增加约153米;假如把世界海洋的水都蒸发干了,海底就会积上约60米厚的盐层。

海水里这么多的盐是从哪儿来的呢?科学家告诉我们:海水中的盐主要来自海洋底部的岩石溶解和地壳运动,同时江河通过流水也带来了一部分盐分。此外,蒸发作用也是盐分在海洋中累积的重要因素之一。

在死海享受漂浮的乐趣

死海

死海是世界上最咸的咸水湖,水中只有细菌和绿藻,没有其他生物,人们却可以在死海中感受漂浮的乐趣,不会游泳的人在死海中也不会下沉。

① 蒸发池蓄海水

② 收集盐

③ 盐装车了

海水"晒盐"的过程

大海生气了

潮汐

　　在海边，我们每天都能看到大海涨潮和退潮，这就是潮汐。古时候，我们的祖先认为潮汐是地球的心跳。海水涨起来的时候，水如骏马一般奔腾而来，转眼间水满湾畔，发出巨雷般的轰鸣。到了退潮，转瞬间，被海水覆盖的沙滩、奇形怪状的礁石，都露出来了，很是美丽。

　　其实，潮汐是由月球、地球和太阳的运动引起的。

月球　地球　① 太阳

地球　② 太阳

月球

地球　③ 太阳

月球

🌀 潮汐示意图

❶ 月球和太阳对海水的引力相悖。
❷ 潮汐很弱，称为小潮。
❸ 月球引力与太阳引力相叠加，
　 形成大潮。

🌀 龙卷风示意图

4

☺台风

龙卷风

　　发生在海面的龙卷风又叫海龙卷。龙卷风像一个巨大的漏斗，从云中伸向地面，渐渐变窄。龙卷风常伴随强烈的旋转气流和极端天气条件，持续时间一般在几分钟到十几分钟不等。

海浪

　　海浪是海上的大力士，它在风的帮助下，每隔几秒钟就会猛烈地拍打海岸。有时，海浪还会像一根滚动的柱子一样，涌向很远很远的地方。在海面上，有时会卷起20米高的巨浪。

台风

　　台风是海洋上的一种巨大的旋风。它只在海洋上形成、移动，并会给人类带来很大的灾难。

　　海洋上的空气不断上升，随着地球的自转，气流开始旋转，并慢慢形成旋涡。这个旋涡越来越大，转动的速度也越来越快，最终形成了一个巨大的风暴系统。有时，台风圈直径可以达到500千米，就像从海中升起的一条巨龙。

　　台风的中心叫台风眼，那里非常平静哟！

海啸

　　海啸是由海底地震、火山爆发或海底滑坡等地质活动引起的巨大海浪。当海底发生剧烈的震动时，海水会像沸腾的水一样翻滚起来，海面上很快就会激起几十千米长的海浪。

　　海啸的破坏力很强，它能摧毁堤岸，淹没陆地，造成人们的生命和财产损失。就力量而言，海啸能把海洋中的小船抛到几千米以外的陆地上。

大海中最早的居民

海百合

海百合的身体很像植物的茎，茎顶端长着许多条触手，也叫腕，这些腕状结构主要用于捕食和感知环境。

海绵

海绵是最原始、最低等的水生多细胞动物，但它也有像单细胞生物的特性，比如单独的海绵细胞可以成活。

齿迷虫

齿迷虫身体扁扁的，嘴周围长满触角。

威瓦西亚虫

威瓦西亚虫像带刺的卵石，长2~5厘米，背上覆盖着坚硬的壳。

三叶虫

三叶虫是最早长有眼睛的动物之一，主要以微小的生物为食，如浮游生物和藻类。

长形黎镰虫

长形黎镰虫是一种毛毛虫，身体两侧长着长长的刺，它翻越海绵觅食。

菊石

菊石有蜗牛一样的外壳，它通过喷射水流的方式游泳。

邓氏鱼

 邓氏鱼有巨大的头部和令人印象深刻的颌，咬合力十分惊人，是史前时期的顶级掠食者。

圆唇鱼

圆唇鱼是地球上最早出现的鱼类，它身体柔软，嘴巴圆圆的，没有牙齿，所以也叫"无颌鱼"。

矛尾鱼

矛尾鱼是地球上现存最古老的鱼之一，被称为"活化石"。

蠕虫

蠕虫是指通过身体肌肉收缩而做蠕形运动的动物。

水母

水母外形多样，有的像雨伞，有的像帽子……十分漂亮。

海底景色

海洋中隐藏着许多由山、平原、峡谷和深渊构成的令人惊异的海底地形。

❶ 大陆架

大约在1亿年前，随着全球气候的变化和地壳的运动，大陆边缘被海水淹没，形成大陆架。大陆架的深度因地而异，可能深达数百米，也可能更浅。

❷ 大陆斜坡

大陆斜坡有时会向深海延伸几千米，它一头连接着陆地边缘，一头连接着海洋。

❸ 深海平原

深海平原是广阔且平坦的海底区域，它们可能分布在海洋的不同位置，每个平原的大小和形状可能各不相同。

❹ 海脊

海脊，又叫作海底山脉，是海底板块相互挤压而形成的海底皱褶。

❺ 地球伤痕——裂谷

裂谷是地壳在拉伸应力下形成的深长谷地，常见于大陆边缘或大洋中脊附近的扩张带。岩浆通过这些地壳裂缝不停地运动着，时而喷发时而休眠。

❻ 海沟

海沟是海底陡峭的深渊，深可以达到10千米，常常分布在陆地边缘。目前已知最长的海沟是秘鲁—智利海沟，最深的海沟是马里亚纳海沟。

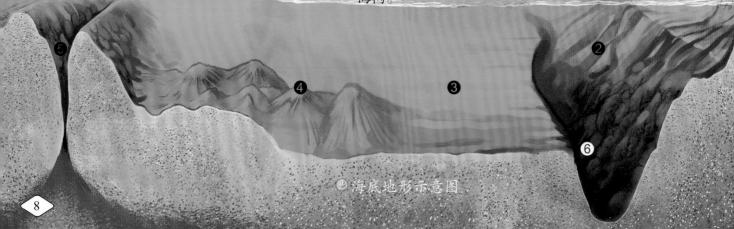

🌀海底地形示意图

欢迎来到太平洋

　　太平洋是世界最大和最深的海洋，从北美洲、南美洲的西岸和南极洲的周边一直延伸到亚洲东部、大洋洲，并与南美洲的东岸相接。太平洋里不仅有世界上最深的海沟、断层、火山岛、珊瑚礁，还有丰富的动物、植物和矿产资源，人类正在不断地开发和利用太平洋。

潜入海底去看看

① 断层

断层是两个板块互相挤压或拉伸造成的裂缝。

② 海沟

太平洋边缘的海沟是世界上最深的海沟，大多数都深7千米以上。

③ 海底火山

海洋深处存在着海底火山。有些会露出水面形成小岛，在太平洋里就有很多这样的火山岛。

④ 火山管

火山管是地下岩浆上升到地表并喷出的通道，由岩浆冷却凝固的岩石构成。这个通道通常呈管状，因此被称为火山管。

⑤ 奇怪的烟

火山管就像一个大烟囱，不断地喷出物质，这是为什么呢？原来，当熔岩涌出时，水会被加热成水蒸气，而熔岩里的硫黄和其他矿物质也会随着水蒸气一起喷出，形成火山灰云。

● 火山喷发

火山带

太平洋周围及其海底有很多火山，其中许多是活火山，它们每次喷发都可能引起地震。

马里亚纳海沟

菲律宾东北部的马里亚纳海沟是世界上最深的海沟，深度可达11千米。

夏威夷群岛

夏威夷群岛有130多个岛屿，它们像一条线，有几万米长，形成了一个大圈。

东太平洋海脊

东太平洋海脊位于太平洋东部，是地球上最大的海底山脉之一，从赤道附近一直延伸到南极洲北部海域。

世界上最高的火山

冒纳凯阿火山是夏威夷群岛上的火山，现在处于休眠状态，它露出水面4205米，相当壮观。

热点

海洋里有许多地方被称为"热点"，这是因为它们的下面有温度非常高的熔岩。当熔岩上升时，板块会被其活动影响，形成火山岛链等地理现象。

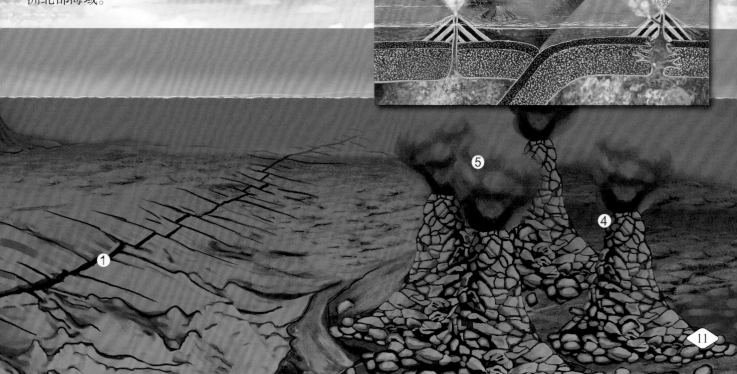

绚丽的珊瑚礁

珊瑚礁神奇而美丽，你知道珊瑚礁是怎么形成的吗？

① 海洋中有一种动物，叫珊瑚虫，它们一群一群地居住在一起。

② 珊瑚虫在生长过程中，不断吸收海水中的钙和二氧化碳，分泌出一种白色物质——碳酸钙，并相互粘在一起。

③ 慢慢地，碳酸钙经过大自然的压实、石化，就形成了珊瑚礁的结构，有些珊瑚礁最终会露出海面成为岛屿。

④ 珊瑚礁的生长速度取决于多种因素，如水温、光照和营养物质的供应。因此，珊瑚礁的形成是一个漫长而复杂的过程，需要数百年甚至数千年才能形成显著的规模。

珊瑚虫

　　澳大利亚的大堡礁是世界上最大最长的珊瑚礁群，绵延伸展共有2011千米，最宽处161千米，拥有2900个大小珊瑚礁岛。

世界第二大洋——大西洋

　　大西洋是世界第二大海洋，它呈巨大的"S"形，连接着地球最北面和最南面的两个大洋，是世界上温度范围广泛、鱼类资源最丰富的海洋之一。

多么热闹美丽的大海啊

抹香鲸

  抹香鲸的脑袋很大，身体又粗又短，很像一只巨大的蝌蚪。抹香鲸尽管体型庞大，却能进行快速而深潜的游泳，是所有鲸类中潜水最深、最久的，所以有"潜水冠军"的美名。

飞鱼

旗鱼

抹香鲸

抹香鲸和大王乌贼相遇时经常会进行惊心动魄的搏斗。

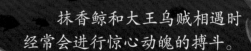
双髻鲨

世界上最长的海底山脉

大西洋海底藏着一条巨大的山脉——中大西洋海脊，它像一条长长的脊柱自北向南延伸了1万多千米，把大西洋分隔成东西两部分。

汇入河流

密西西比河、亚马孙河、刚果河（扎伊尔河）、尼日尔河、莱茵河等。

熔岩管道

在大西洋的加那利群岛上，几百万年前的一次火山喷发形成了一条长7千米的熔岩管道：阿特兰蒂达隧道。

鲱鱼

鲱鱼喜欢成群结队地游动，远远看去一片白色，常常被渔民大量捕获。

海鲂鱼

鲱鱼

比目鱼

水母

金枪鱼

乌贼

海底鱼类

大西洋有5个水层构成的生物带。

① 海滨底栖带，最深不超过60米，栖息着各种近岸的动物和大部分海藻。

② 光亮带，最深不超过180米，生活着许多浮游动物和植物。

③ 中深带，最深不超过900米，生活着各种深海鱼类和无脊椎动物。

④ 深洋带，最深可以达到4000米，几乎一片黑暗，生活着会发光的动物。

⑤ 底栖带，深度在4000米以下，生活着最原始的动物。

神秘的马尾藻海

马尾藻海严格意义上并不是独立的海，而是大西洋中的一个独特的区域，可它实在太特别也太厉害了，甚至被称为"海洋坟墓"。

你知道吗，马尾藻海风平浪静，很少刮风。

马尾藻海还是世界上最清澈的海域之一，在晴朗的天气，就算把照相底片放在马尾藻海1000多米深的地方，底片也能感光。

马尾藻鱼

马尾藻鱼脾气暴躁凶猛，很会"打扮"自己——简直和马尾藻像极了！有趣的是，它遇到"敌人"时会吞下大量海水，把身躯鼓得大大的，使"敌人"不敢轻易碰它。

海蛞蝓

海蛞蝓是一种很奇怪的小东西，它身上有褶皱和花纹，很善于伪装和隐蔽。

海面上漂浮着厚厚的海藻，远远望去，就像一片大草原。

马尾藻鱼

◎ 这片海洋除了海藻和小型甲壳纲动物外，几乎没有其他生物

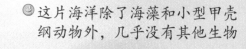

◎ 海蛞蝓又叫海兔，因为头上的两对触角突出如兔耳

马尾藻海

马尾藻海表面平静，其实很可怕。许多船只被这个美丽的地方吸引，结果一进去就被海藻死死缠住，于是人们把这片海域称为"海洋坟地"。

◎ 被海藻缠住的船只

世界第三大洋——印度洋

印度洋位于非洲、亚洲和澳大利亚大陆之间，是世界第三大洋，其面积约为太平洋的三分之一。

飞鱼

飞鱼的胸鳍特别发达，像鸟类的翅膀一样。它们常常冲出水面，能够在空中滑翔几百米，凭着这个本领，它们成了海洋中的"明星"。

沙丁鱼

沙丁鱼是一种细长的银色小鱼，它们常成群地在海岸边游动，晚上浮上海面吃小浮游生物，渔民趁机捕捞。沙丁鱼肉质十分鲜美

旗鱼

海龟

金枪鱼

鲭鱼

沙丁鱼群

比目鱼

比目鱼十分奇特，它的两只眼睛长在身体同一侧，游动时有眼睛的一侧向上，侧着身子游泳。

鲨鱼

鲸

比目鱼

珊瑚王国

印度洋里有许多争奇斗艳的珊瑚岛，许多都成了旅游胜地，比如马尔代夫群岛、科摩罗群岛、塞舌尔群岛……

珊瑚岛是怎么形成的？

在太平洋和印度洋，珊瑚岛十分常见。它们由珊瑚虫的骨骼堆积而成，分布在古老海底火山的斜坡上。后来火山逐渐下陷并且沉没于海平面之下，而珊瑚虫继续生长，在火山周围形成暗礁环，最终演化成我们所说的珊瑚岛。

最美丽的珊瑚小岛

马尔代夫群岛有1000多个小岛，其中约200个岛上有人居住。

◎ 波利尼西亚的波拉波拉岛是很年轻的珊瑚环礁岛，中心仍有未完全沉没的火山体

土地贫瘠

由于土壤贫瘠，美丽的珊瑚岛不适合发展传统农业，但幸运的是，岛旁边的珊瑚礁吸引了许多鱼儿，于是生活在这里的人们靠打鱼为生。

◎ 珊瑚岛无法耕种，人们靠打鱼为生

◎ 美丽的马尔代夫群岛

世界第四大洋——北冰洋

北冰洋是世界上最小、最浅也最冷的大洋。它在地球的最北端，海面大部分时间几乎都被厚厚的冰层覆盖，北冰洋上有世界第一大岛——格陵兰岛。

浮冰

大块浮冰是海水冻结成的，它们不停地运动。冬季，浮冰面积和厚度会达到峰值；夏季，浮冰会融化，面积和厚度都在减小。

冰块

浮冰移动时，常常发生碰撞，于是形成了大大小小的冰块。

冰川

冰川是地球上重要的淡水资源之一，也是地球上最大的天然冰库。

罗蒙诺索夫海岭

罗蒙诺索夫海岭横贯北冰洋海底，是北冰洋中部的海底山脉。

破冰船

只有破冰船才能在浮冰上开辟出一条道路。

我们平时说的北极，它可不在陆地上，而是在北冰洋的冰面上。

北极三霸

　　北冰洋生活着许多不怕冷的动物，比如北极熊、海象、海豹、北极兔、北极狐、驯鹿、鲱鱼、鳕鱼和鲸等，其中北极熊、北极狐和北极狼号称"北极三霸"。

北极熊

　　北极熊又叫白熊，生活在海岛、浮冰和冰山上。它们力大无比，牙齿十分锋利。在北冰洋，海豹是它们的主要食物来源，北极熊因此也被称为"北冰洋之王"。

　　北极熊全身雪白，像披了一件漂亮的袍子，十分保暖。它们脚下的毛既能防止摔跤，又能保护脚不会冻结在冰面上。

　　北极熊很会游泳，可以一口气游出很远的距离。

北极狐

北极狐的巢穴在冰原上，虽然不大，却有好几个出口。北极狐很爱惜家，每年都要维修和扩建，从而让洞穴更加舒适。

北极狐主要吃旅鼠，饥饿时也吃浆果。实在找不到食物时，它们就尾随北极熊，捡北极熊的"剩饭剩菜"充饥。

北极狼

北极狼是集体捕猎的，它们善于选择一头弱小或老年的猎物当作进攻目标。

为了生存，北极狼学会了伪装自己。在冬天，它们的毛色变白，藏在雪地里时，猎人和猎物就很难发现它们；到了夏天，它们的毛色变成棕色或灰色，与大地巧妙地融合成一体。

因纽特人

在寒冷的北冰洋沿岸，生活着一群不怕冷的土著人，他们是因纽特人。因纽特人的意思是"真正的人"。

神秘的土著人

因纽特人据传在数千年前，从亚洲迁徙到了北极。他们个子不高，皮肤黄黄的，头发乌黑。

雪屋

因纽特人常常用雪块砌成圆顶小屋居住，这种房子也叫伊格鲁。首先，把雪用力地压实、压硬，切成一块一块的雪砖；然后用雪砖垒成半球形的雪屋；最后，在墙壁上挂起皮毛，在屋顶盖上海豹皮，这样雪屋就很暖和了。

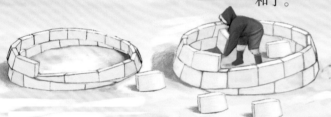

危险的捕猎

北冰洋附近无法耕种田地，因纽特人靠捕鱼和打猎为生。可是那里十分寒冷，还常常刮起暴风雪，所以因纽特人每次寻找食物的过程都很危险。夏季，他们乘着小舟穿行在浮冰中，拿着一把鱼叉和庞大的鲸搏斗。

在陆地上，勇敢顽强的因纽特人拿着标枪和凶猛的北极熊较量。

北极探险之旅

弗里乔夫·南森是19世纪末的挪威探险家、科学家，他一直梦想着能够到达北极，于是决定沿着洋流的方向漂流。

1893年6月，南森和12个由船员和专家组成的同行者，乘坐"前进"号起航了。可惜，他们最终没能到达北极点，只能疲惫不堪地折回到法兰士约瑟夫地群岛上。

1909年4月6日，美国人罗伯特·皮尔里和他的探险队经过多次尝试和努力，终于成功抵达了北极点。这是人类历史上第一次真正到达地球的最北端。

北冰洋寒冷无比，并不适合人类居住，但它并不是那么荒凉，因为它蕴藏着巨大的财富，如石油和天然气等矿产资源。但在北冰洋开采石油和天然气等矿产资源存在巨大风险，一旦石油泄漏，会严重污染海洋，对北极生态系统造成毁灭性打击。

特别的"海"

红红的红海

红海，真的是红颜色的海吗？不是。其实，是因为它的海面上漂浮着许多红色海藻，加上海底有红色沉积物，远远看去就是红色的了。

注不满的地中海

地中海气候温暖，景色迷人，每天有大量河流注入其中，包括一些水量和亚马孙河差不多的河流，可地中海却怎么也注不满。

不停"长大"的里海

里海不是海，而是世界上最大的咸水湖，从1978年到现在，里海水位每年都在上升，这导致许多城市和村庄被淹没。

越来越小的咸海

咸海是一个位于中亚的盐湖。20世纪60年代，咸海的面积是当时比利时的两倍，现在，咸海只剩下一些巨大的水洼，正逐渐变成一个大沙漠。

死海

死海位于约旦和以色列之间，是世界上最咸的海。有科学家认为，大约一万年后，死海将变成一个覆盖着盐的盆地。

白色沙漠——南大洋

被困航船

南大洋，是围绕着南极洲大陆边缘的海洋，所以也叫"南极海""南冰洋"。

航船

如果南大洋洋面的浮冰是一块块大冰块时，船可以小心地在南大洋里行驶；如果是碎小的浮冰连在一起时，就会形成陷阱，船会被困在里面。

南纬40度咆哮处

这是南大洋一个区域的名字，这里充满了暴风雨和气旋。这里是世界上海浪最强劲的地方，大海几乎永远波涛汹涌。

可爱的南极主人

冰冷的南极是企鹅的天堂。那里生活着各种各样的企鹅。

冠企鹅

冠企鹅的金色羽毛冠从头部两侧耷拉下来，就像两道下垂的眉毛。

巴布亚企鹅

巴布亚企鹅的眼睛上方有一块白斑，它厚厚的羽毛既保暖又防水。

帽带企鹅

帽带企鹅脖子下有一道黑色条纹，常常成群地聚集在浮冰上休息。它非常好斗，敢袭击人类。

帝企鹅

帝企鹅可以长到1米多高，是企鹅世界里的巨人。虽然每天成群地聚在一起，可它很具有绅士风度，总是轮流做首领来防御敌人。冬天到来时，只有帝企鹅还留在南极不迁徙。

王企鹅

王企鹅和帝企鹅很像，它体型比帝企鹅娇小，脖子下面的红色也很鲜艳。

26

企鹅妈妈产下蛋后，就去海洋寻找食物了。企鹅爸爸把蛋放在脚上，用腹部的皮肤把蛋盖住，它就这样不吃不喝地站两个多月，直到企鹅宝宝出生。

王企鹅抱团取暖

阿德利企鹅

阿德利企鹅是南极数量最多的企鹅，它非常朴素，眼周有一圈白色，整个身体只有白色和黑色。

麦哲伦企鹅

麦哲伦企鹅很有攻击性，它们常常相互示威恐吓。

小蓝企鹅

小蓝企鹅又叫"仙女企鹅""精灵企鹅"，它是体型最小的企鹅之一，十分好斗。

竖冠企鹅

竖冠企鹅的羽冠像刷子一样竖立在头上。

我们不是兄弟

海豚

海豚是一种非常可爱的动物，它们的头顶有一个可以呼吸的"孔"，皮肤光滑柔软，常常成群结队地在海面上跳跃。

海狮

海狮白天几乎都生活在海里，到了夜晚，它们就在岸边睡觉。海狮十分聪明，耳朵非常灵敏，能辨别几十海里外的声音。

海豹

海豹平时生活在水里，只有生宝宝和休息时才爬上岸。它们使用胡须状的触须来探测和定位鱼、乌贼等食物。

海象

海象喜欢在北冰洋中大量群居。它们的牙是非常厉害的武器，不仅可以用来捕捉食物，对抗敌人，还可以用来攀登冰块和凿穿大浮冰。

海牛

海牛被称为"水下除草机"，因为它们主要以海草为食，且食量极大，能迅速清除大片区域的海草。

海洋食物链

大海里有许多动物和植物，它们在这个大家庭中是怎样生活的呢？它们中哪些是好朋友，哪些又是敌人呢？答案就藏在海洋食物链中！

海洋号

人类捕鲸

人类捕捞味道鲜美的金枪鱼

鲸吃鲱鱼

鲸直接吃虾

鲸吃海豹

鳀鱼吃虾

金枪鱼吃鲭鱼

海豹吃鱼

虾吃浮游生物

鲭鱼吃鳀鱼

鱼吃虾和其他小生物

鳀鱼吃浮游生物和小甲壳类动物

动物残骸在海底被分解，植物吸收后长得更加茂盛，为浮游生物提供了丰富的养料。

能干的潜水员和捕猎者

　　塘鹅、鸬鹚和燕鸥等是优秀的潜水员，为了捕食它们表现英勇。

塘鹅

　　塘鹅也叫北鲣鸟，它是个十分疯狂的家伙，常常从几十米高的地方优雅地俯冲入水。它们用尖锐的喙将鱼打昏，有时还会潜入海中捕捉鱼和小虾，甚至能看清水下40米处的猎物，真是太厉害了！

塘鹅能够看见水下40米处的猎物！

褐鲣鸟

　　鲣鸟是遍布世界各个海域潜水高手，其中褐鲣鸟主要生在热带及亚热带海洋，是中国常见的鲣鸟之一。

你能看见水下的鱼吗？

鸬鹚

　　鸬鹚非常贪吃，常常因为吞食猎物太快而喘不过气来。鸬鹚的羽毛并不完全防水，因此在捕食后，它们喜欢停在岩石上，扇动半展开的翅膀，将羽毛晾干。

燕鸥

　　燕鸥在海面上低飞，凭借敏锐的视力捕捉小鱼和乌贼。捕鱼时，它们迅速将头扎进水里，但身体并不跟随游泳。

海鹦鹉

　　海鹦鹉彩色的喙，是十分厉害的捕鱼工具。捕食时，它们会潜入水中，慢慢靠近猎物，然后突然用喙咬住，并很快将猎物锁在长着钩子的腭和舌头之间。

沙丁鱼群是海鸟们的盛宴。

深埋在海底的财富

在浅海和湖泊中，生活着许多微小的浮游生物，它们死亡后沉在水底，被厚厚的淤泥和沙子掩埋。

一直过了几百万年，在适当的沉积环境、细菌、温度和压力等的作用下，小生物的尸体变成了石油和天然气。

石油被开采后通过管道或车辆运到炼油厂。石油被倒入一个巨大的分馏塔里，生产出了汽油、煤油和柴油等。

汽车、摩托车、快艇等使用的燃料是汽油；大型车辆、发电机使用的燃料是柴油。

洗衣粉、肥皂、塑料桶、胶卷、橡胶、涂料、防冻剂、化肥、杀虫剂也含有从石油中提炼出的化学物质。

石油和天然气是现代工业发展的血液，可是，石油总有用完的一天，到时候人们要怎么办呢？

☺工人们在用钻井机钻探

☺石油泄漏事故污染海水，对海洋生物和海洋生态系统都产生严重影响

☺石油通过管道或车辆运到炼油厂